AF452751

LE
DÉCOUPAGE ARTISTIQUE

LA MARQUETERIE — LA PYROGRAVURE

MÂCON, PROTAT FRÈRES, IMPRIMEURS

PETITE
BIBLIOTHÈQUE ILLUSTRÉE DE L'ENSEIGNEMENT PRATIQUE
DES BEAUX-ARTS
PUBLIÉE PAR ET SOUS LA DIRECTION DE
KARL ROBERT
Officier de l'Instruction publique.

LE
DÉCOUPAGE ARTISTIQUE

LA MARQUETERIE — LA PYROGRAVURE

PRIX : 1 FRANC 50

PARIS
H. LAURENS, EDITEUR
6, RUE DE TOURNON, 6
—
1896

LE
DÉCOUPAGE ARTISTIQUE

LA MARQUETERIE — LA PYROGRAVURE

AVANT-PROPOS

LE DÉCOUPAGE ARTISTIQUE ET LA MARQUETERIE
LA PYROGRAVURE

Parmi les arts d'amateur, le travail du bois est un des plus attrayants, et s'il n'a pas, comme celui du fer, eu pour adepte un roi de France, il fut cependant cultivé, aux époques les plus reculées, par de riches seigneurs et les bourgeois aisés de presque tous les pays. On retrouve, en effet, et il en existe dans nos musées, des tours d'amateur, richement sculp-

LE
DÉCOUPAGE ARTISTIQUE

LA MARQUETERIE — LA PYROGRAVURE

AVANT-PROPOS

LE DÉCOUPAGE ARTISTIQUE ET LA MARQUETERIE

LA PYROGRAVURE

Parmi les arts d'amateur, le travail du bois est un des plus attrayants, et s'il n'a pas, comme celui du fer, eu pour adepte un roi de France, il fut cependant cultivé, aux époques les plus reculées, par de riches seigneurs et les bourgeois aisés de presque tous les pays. On retrouve, en effet, et il en existe dans nos musées, des tours d'amateur, richement sculptés, antérieurs à la Renaissance en France, en Allemagne, en Italie, ce qui ne saurait surprendre, puisque Diodore de Sicile attribue l'invention du tour à Talus, neveu de Dédale,

et Pline à Phidias qui perfectionna l'art du tourneur en bois. Car c'est un art véritable, qui demande un long apprentissage, une grande patience pour lutter contre les déboires des premiers essais. Aussi n'est-ce point sur le tournage

Cadre de style Renaissance.

du bois que nous voulons ici attirer l'attention de l'amateur, non plus que sur la sculpture dont nous ne dirons que quelques mots, sauf à reprendre. plus tard, et en un ouvrage à part et plus complet, ces deux arts qui demandent des aptitudes toutes spéciales.

Mais le découpage artistique, la marqueterie et la pyrogravure, qui sont essentiellement aussi des travaux du bois, ont, selon nous, autant d'attraits que le tournage, sans présenter d'aussi grandes difficultés. Est-ce à dire qu'il n'y faille point un apprentissage et une attention soutenue, lors des premiers essais ? Non certes, rien ne s'improvise, et s'il n'est pas possible de « vingt fois sur le métier remettre son ouvrage », il est des exercices préparatoires qu'il faut recommencer un certain nombre de fois avant d'être à même de produire un travail net et présentable, si modeste soit-il. C'est à cette unique condition que le découpage peut se parer du nom d'artistique. En effet, le choix du dessin ou modèle, l'appropriation d'un sujet, le bon goût d'arrangement ne sauraient suffire si l'exécution et le rendu n'en étaient absolument parfaits.

Ce sont là de petits arts, soit, mais par cela même ils exigent une précision hors ligne : ne relevant pas du domaine de la pensée, ils réclament de leurs auteurs une indiscutable habileté. Il y a donc ici une question de métier qu'il faut étudier de très près et les conseils

que nous pouvons donner ne sauraient être utiles qu'à la condition expresse d'être doublés d'une pratique quotidienne et de la connaissance réelle des outils qu'on met en œuvre.

Cependant le métier n'est pas tout, et si l'étude du dessin n'est pas indispensable, il faut apporter en ce genre de travail du goût, une grande délicatesse et une certaine appréciation de l'harmonie. Nous aurons donc à nous préoccuper de donner quelques principes qui serviront de base au développement de ces facultés, mais au préalable occupons-nous de la partie technique que nous allons résumer aussi brièvement que possible.

I

LE DÉCOUPAGE

DES PORTE-SCIES ET DE LA MACHINE. — DES SCIES ET LA MANIÈRE DE LES MONTER. — LES OUTILS ACCESSOIRES.

A première vue, le découpage semble consister uniquement dans l'opération d'enlever à la scie les parties extérieures à un dessin tracé et contrecollé sur une planche de bois, une plaque de métal ou tout autre subjectile choisi et propre à ce genre de travail. Par suite, il semblerait que s'installer devant une machine à découper, de quelque nature qu'elle soit, s'exercer à faire fonctionner l'appareil durant quelque temps, doivent suffire à mener l'amateur au résultat final.

Il n'en est rien, je ne crains pas de l'affirmer, et se contenter de ce simple exercice serait s'exposer aux accidents sans nombre qui rebutent l'amateur et lui font, au bout de peu de temps, pousser la machine en un coin du logis, où elle demeure dans l'inaction jusqu'au jour où elle s'en ira échouer à la boutique du brocanteur.

Avant donc de s'installer devant sa machine, l'amateur devra en étudier le fonctionnement, connaître le jeu des scies, leur installation : puis il étudiera la nature des bois à employer, leur adaptation préférable, enfin, le choix des dessins à reproduire pour arriver un jour à créer lui-même ses modèles, ce qui serait l'idéal,

Applique d'encoignure.

car tout art entraîne avec lui l'idée de création.
Toutefois, ce serait peut-être sortir du cadre de
ce petit ouvrage que de prétendre conduire ici
l'amateur à la composition ornementale et décorative en vue du découpage, et nous resterons
dans le champ des modèles répandus dans le
public en particulier par *le Découpeur français*
qui, jusqu'à ce jour, a donné les meilleurs
modèles et les plus variés.

DU PORTE-SCIE ET DES MACHINES A DÉCOUPER

L'appareil à découper le plus rudimentaire
est le blocfil ou porte-scie à main, formé d'une
bande de fer recourbée en forme de rectangle
allongé, dont l'un des côtés serait resté libre.
Les deux extrémités libres sont armées de mâchoires se serrant au moyen de clefs à vis ; en
plus, la partie inférieure de l'appareil est munie
d'une poignée. C'est dans ces mâchoires qu'on
introduit la scie qu'on tend en appuyant le
manche du blocfil contre l'estomac et la partie
supérieure contre une table ou un mur.

Quelques scies de cassées apprennent vite à
l'amateur que la tension est trop forte ; un

découpage irrégulier ou mâchonné lui indique
que la scie est insuffisamment tendue, et le juste
milieu à obtenir se met en main assez rapidement : ce n'est qu'une affaire d'habitude. On
peut en résumer le principe en disant que la
scie doit être bien tendue, sans roideur ni
dureté. Nous ne voulons pas nous arrêter longuement sur cet appareil démodé qui ne peut,
selon nous, donner à l'amateur que de maigres
résultats, le petit établi mobile qu'il faut installer sur une table n'offrant jamais une stabilité
suffisante.

Ce que l'amateur doit adopter dès le début
c'est une bonne machine à volant, qui n'a rien
de compliqué au fond, et c'est sur celle-là que
nous allons étudier le fonctionnement.

Toutefois, comme il s'agit d'une acquisition
d'un prix relativement élevé, on peut, si on a
quelque défiance de son adresse, faire une première série de travaux avec une petite machine
à pédale très simple, d'une valeur d'environ cin-
quante francs. Mais, je le répète, il vaut mieux,
dès le début, se procurer une bonne machine,
définitive, et qui n'autorise point la galerie à
dire que les mauvais ouvriers ont toujours de
mauvais outils.

LA MACHINE

« Prenons, dit J. Carante[1], pour étudier le fonctionnement des machines, une des dernières créations de la maison A. Tiersot.

« C'est une machine rectiligne, à glissières en acier fondu, avec bras et garnitures en bronze poli fin, tension à excentrique avec vis pour régler, machine d'une grande puissance pour les travaux d'amateur, bois et métaux, avec ou sans plateau inclinable pour les coupes obliques.

« Toute machine, quelle qu'en soit la structure, est armée de mâchoires, et c'est par elles qu'il faudra commencer l'étude du mécanisme.

« La pose d'une scie nécessite quelques observations, qu'il est utile de préciser.

« D'abord, l'espace qui sépare les mâchoires, combiné avec l'étendue de la tige, détermine la longueur des scies à employer, si elles doivent être de 12 à 16 centimètres ou plus.

« Le choix du numéro de grosseur est subordonné au dessin que l'on veut exécuter.

---

1. *Instructions pratiques sur les travaux de la scie à découper*. Paris, Tiersot, 1892.

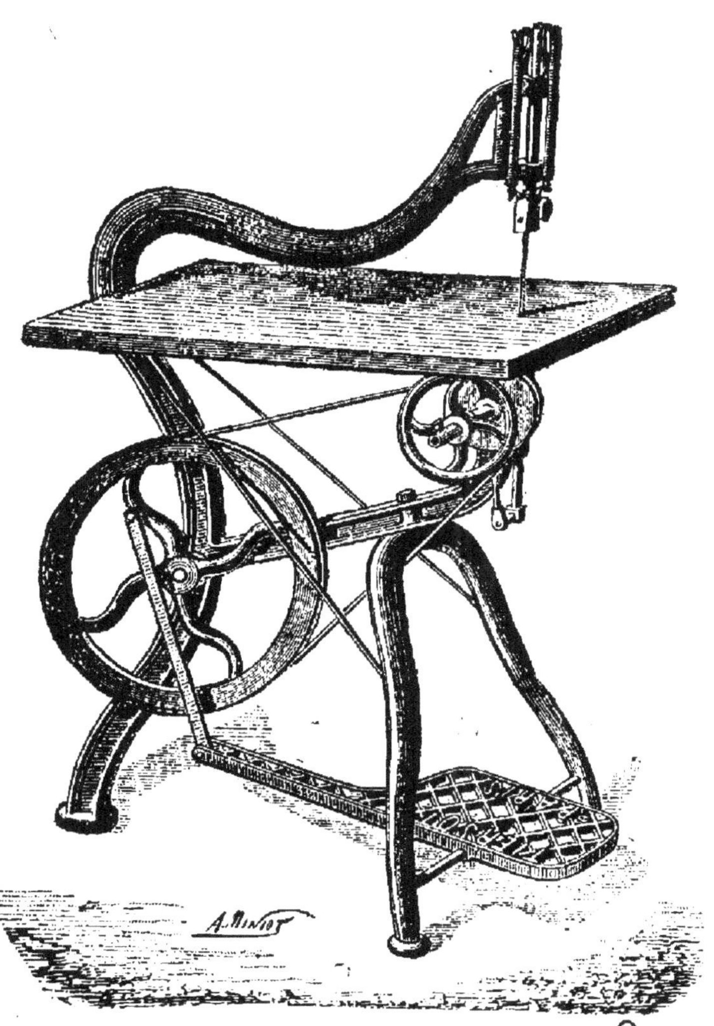

Machine rectiligne à volant.

« Chacun a, pour ainsi dire, ses préférences ;
les uns emploient presque toujours les faibles
numéros, même pour les grandes épaisseurs,
sous prétexte que les scies tournent plus aisément dans les angles et accentuent mieux les
détails du dessin.

« D'autres se servent de numéros plus forts,
pour avancer davantage ; ceux-ci adoptent un
numéro intermédiaire, le n° 2 ou 3, avec lequel
ils se familiarisent et dont ils ne se départent
sous aucun prétexte et pour n'importe quel
dessin ; ceux-là, éclecticiens pratiques, et nous
sommes de leur avis, vont de l'un à l'autre
numéro, selon les exigences du travail, les proportions du dessin et l'épaisseur des bois, car ce
n'est pas vainement qu'ont été créés les divers
formats de la scie ; ils répondent à tous les
besoins de la découpure et leur utilité ne saurait
être mieux justifiée que par les services qu'ils
rendent et l'emploi qu'on en fait.

« Avant la pose de la scie, on immobilise
ordinairement une des mâchoires, celle qui se
trouve au-dessous de la table de travail et qui
est le moins à la portée de la vue et de la main ;
cette précaution est jugée tellement opportune

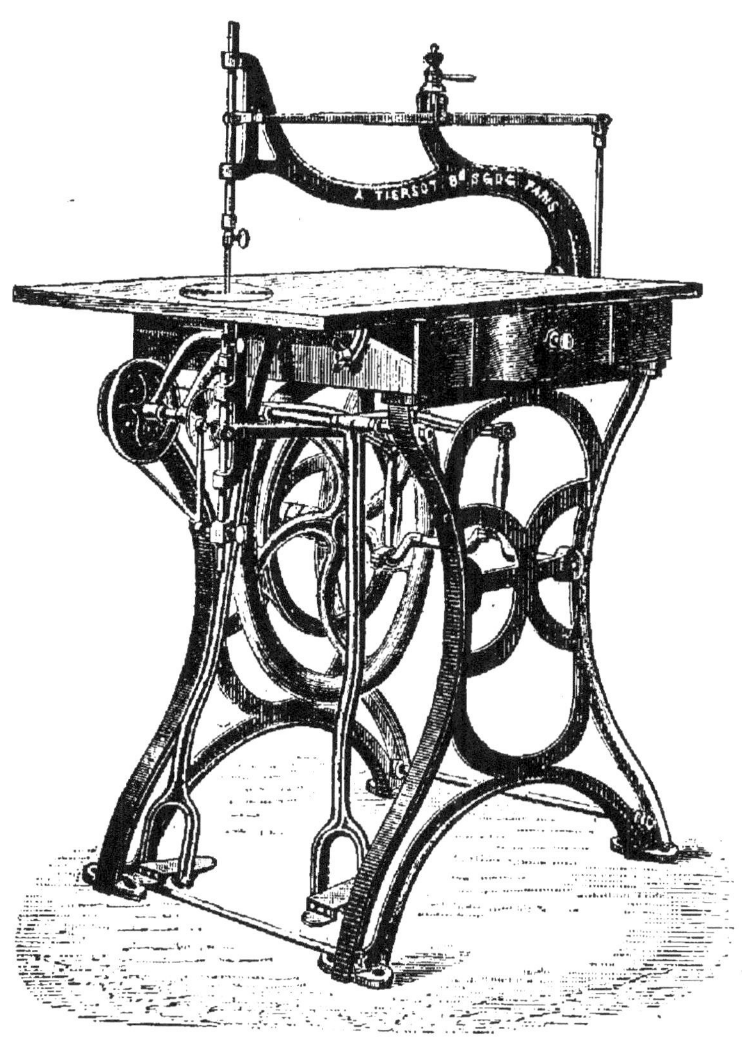

Machine rectiligne à balancier.

que la mâchoire inférieure est établie à demeure
dans toutes les machines fabriquées depuis peu,
qu'elles soient à volant ou autres.

« On a reconnu que la tige de la mâchoire
supérieure, glissant dans sa gaine, développait
une longueur non seulement suffisante à la tension, mais permettait d'utiliser les scies réduites
par la casse.

« Pour l'installation, d'une main on prend la
scie que l'on introduit dans l'ouverture de la
plate-forme jusqu'à ce qu'elle atteigne la mâchoire inférieure; l'autre main, passée en dessous, la reçoit et l'installe dans les lèvres de la
mâchoire.

« On a eu soin de peser sur la pédale, pour
obtenir l'espace nécessaire à l'opération.

« L'autre main se reporte ensuite sur la vis
de pression pour fermer les lèvres et les serrer
fortement.

« Cette disposition, qui se fait en tâtonnant
et sans prendre la peine de se baisser et de
regarder au-dessous de la table de travail,
demande une certaine habitude ; on travaille en
aveugle, et ce n'est guère qu'au toucher qu'on
peut déterminer la pose.

« En commençant, il est presque indispensable de jeter un coup d'œil dans ce dessous et de s'assurer de la position de la scie.

« La scie doit occuper le milieu de la mâchoire ou s'appuyer sur la vis ; si elle se trouvait placée en avant ou en arrière, il faudrait, pour ne pas déranger l'aplomb ou la perpendiculaire, observer la même disposition en installant la mâchoire supérieure.

« La dentelure de la scie fait toujours face à l'exécutant, et les dents sont dirigées en bas, pour plusieurs raisons : d'abord la scie a plus de force et de prise sur le bois en descendant qu'en remontant, ensuite la sciure se trouve projetée en dessous, et ce n'est qu'accidentellement qu'elle retombe sur le dessus ; enfin, les bavures, résultat inévitable de la coupe, se produisent à l'envers de la découpure.

« Les scies étant carrées, on surveillera scrupuleusement la direction de la dentelure, afin qu'elle ne se torde, c'est-à-dire qu'elle ne soit pas engagée de côté dans la mâchoire inférieure, tandis qu'elle se présenterait de face dans celle du haut, ou itérativement en sens inverse, ce qui arrive fréquemment, surtout quand on se sert de faibles numéros.

« Le moindre inconvénient est de ne pouvoir lui faire suivre les traits du dessin, parce que, posée irrégulièrement, elle tendra forcément à dévier ; le pire est la casse ou la rupture, accident toujours désagréable et dispendieux.

« Ce n'est pas tout ; à ces difficultés viennent s'adjoindre, dans le courant du travail, celle de l'introduction de la scie dans les trous du foret, comme le fil dans le chas d'une aiguille.

« Dans les machines, où le bras supérieur est coudé, il n'y a qu'à le relever et à laisser le bois glisser le long de la scie jusqu'à ce qu'il repose sur la table de travail ; mais dans celles qui ne jouissent pas de cette amélioration, il faudra peser sur la pédale, relever le bois le plus qu'il sera possible, recourber légèrement la scie, l'enfiler avec précaution, la saisir au passage et la rattacher à la mâchoire supérieure, toutes opérations qui se font vite par la force d'habitude, mais qui n'en réclament pas moins beaucoup d'application dans les débuts.

« Généralement, en posant une scie nouvelle dans les machines, on l'immobilise dans la mâchoire inférieure pour n'avoir à s'occuper des dessous que dans le cas de bris ou de casse ; il

est toujours plus avantageux de travailler à ciel
ouvert que dans l'obscurité.

« Le degré de tension de la scie est assez
difficile à déterminer et ne laissera pas de préoccuper le débutant.

« Sous ce rapport, la théorie ne remplace ni l'expérience ni la pratique ; cependant nous observerons que plus une scie est tendue, mieux elle coupe et plus elle casse, que, trop molle, elle se recourbe en arrière et rend le travail pénible et lent.

« C'est donc un juste milieu qu'il faut observer entre ces deux extrêmes, car les causes de la casse et de la brusque rupture des scies sont ordinairement la tension trop forte ou trop faible, les soubresauts du mécanisme et la pression irrégulière du bois à découper.

« Il y aura également à veiller sur cette tension pour la rétablir dans son état normal dès que la scie mollit ou qu'elle se relâche de son aplomb par la pression du bois dans le courant du fonctionnement.

« Souvent même ses extrémités échappent aux lèvres des mâchoires, quand celles-ci sont trop lisses ou trop serrées ; c'est presque toujours une rupture qui résulte de cet accident : il ne faut pas s'en plaindre, mais y remédier.

« Le meilleur acier et, par conséquent, les meilleur scies cassent et ne plient pas.

« La consommation des scies dépend des soins

qu'on apporte à les ménager : on en dépense
plus ou moins, suivant les brusqueries du tra-

vail ou les allures du tempérament ; les uns n'en
cassent presque jamais et les mènent doucement
jusqu'à complète usure ; les autres, au contraire,

en brisent presque autant qu'ils ont d'espaces à évider.

« Brisés ou usés, nous recommandons de ramasser soigneusement ces débris parce que les scies brisées et conservant encore asssez de longueur peuvent être utilisées en rapprochant les tiges des mâchoires, et, qu'usées, elles peuvent servir avantageusement, comme nous l'avons fait remarquer, pour la découpure des métaux.

« Enfin, dernière recommandation en terminant ce paragraphe des scies et mâchoires :

« Pour éviter que les extrémités des scies ne glissent entre les pinces des mâchoires, ne jamais y mettre d'huile et prendre garde en graissant le pas qu'il n'en découle entre les lèvres ; au contraire, les frotter avec du blanc de Meudon, et, quand elles sont trop lisses et que les scies s'échappent trop facilement, les mordacher ou les faire mordacher au burin.

« La mâchoire inférieure étant sujette à se remplir de sciure de bois, qui forme croûte entre les pinces et gêne le fonctionnement de la vis de pression, il faudra la visiter de temps à autre et la débarrasser de cet encombrement. »

Telle est l'instruction minuticuse et détaillée donnée par J. Carante à laquelle nous n'avons

rien à ajouter, tant elle nous a semblé claire et précise. C'est devant la machiue même qu'il faut la relire pour se rendre compte à quel point l'auteur a été soucieux de renseigner l'amateur sans l'embrouiller toutefois d'une technique inutile. Voyons rapidement les outils accessoires que nous avons à signaler.

LES OUTILS ACCESSOIRES

On ne saurait entreprendre le travail du bois sans l'outillage nécessaire à tailler, rogner, clouer, assembler ce qu'on a fait, d'où il résulte qu'il faut un établi et une boîte d'outils. Mais cette boîte d'outils peut être réduite au strict nécessaire ou être luxueuse selon les moyens de chacun.

L'indispensable se compose de :

1° Une scie, des tenailles, deux marteaux, un fort dit marteau de menuisier, un petit dit marteau d'encadreur, un rabot, un poinçon et un tournevis, un drille et plusieurs forets.

Cinq ou six limes assorties, plates, rondes et triangulaires : pour cette dernière, une seule grosseur suffit.

Enfin, un assortiment de pointes sans tête et de vis de différentes grosseurs.

Tel est l'outillage simple de l'amateur. Il est

très certain que celui qui pourra y ajouter une machine à percer simplifiera beaucoup le travail. En effet, il faut, dans chaque partie à évider du dessin, percer un trou destiné à introduire la scie. Or, le foret, qui fonctionne assez rapidement à l'aide de la vis à spirale, doit être tenu très droit, et le moindre mouvement tend à le faire dévier de la perpendiculaire; en outre, si rapidement qu'on fasse fonctionner le curseur, il n'a jamais la volubilité de course obtenue par la machine. Or, pour les bois durs, cela n'est pas sans importance, et non seulement le percement des trous est beaucoup plus rapide, mais il se fait mieux et sans risque de casse.

II

LES BOIS

———

Les bois sont tendres ou durs, blancs ou colorés : tous peuvent être employés dans le découpage ; néanmoins il est préférable de choisir les tons clairs pour les objets de petite dimension, et de réserver les bois foncés pour l'exécution des pièces plus importantes.

Il en va de même pour le degré de dureté des bois ; les bois tendres sont d'un travail plus facile, mais les contours sont moins nets que les bois durs et d'autre part la casse y est plus fréquente dans les parties restées ténues par suite de l'évidement latéral.

Les bois blancs tels que le sapin, le grisard, le peuplier, le hêtre, le sycomore, le marronnier sont extrêmement fragiles et de plus prennent assez difficilement les teintes qu'on veut ensuite

leur donner ainsi que nous l'expliquerons plus
loin. Néanmoins le marronnier est le plus généralement adopté parce que le polissage en est
très beau et qu'on a rarement besoin de le tein-
ter. C'est donc, selon nous, le meilleur bois à
adopter pour les sujets qui doivent rester blancs,
polis ou vernis. Il en va de même pour les bois
de merisier, du poirier, du cerisier et en général de tous nos arbres fruitiers d'Europe.

Parmi les teintes claires autres que le blanc,
le platane et l'érable gris sont les plus recher-
chés.

Enfin le chêne et le noyer non seulement
offrent des variétés de tons naturels à conserver
la plupart du temps, mais encore prennent
admirablement toutes les teintes qu'on veut
ensuite leur donner. Parmi les bois exotiques
employés pour le découpage et le placage, les
plus généralement adoptés sont l'acajou, le
palissandre, le santal, le thuya, le bois de rose,
le bois de violette, enfin l'ébène qu'on emploie
surtout pour les travaux artistiques d'une exécution fine et précieuse. Les bois incassables ne
diffèrent en rien des bois naturels au point de
vue de leur essence, car ils ne sont autre chose

que des placards collés à contre-fils, d'une même espèce de bois. Mais cet assemblage de deux ou plusieurs feuilles minces donne au bois une extrême flexibilité en même temps qu'une grande solidité ; aussi ils sont fort en usage, surtout pour les travaux délicats. On fait ainsi le grisard, le marronnier, le noyer, le platane et l'érable, un bois noir imitant l'ébène. Deux mots seulement des matières osseuses et des métaux.

Pour les objets de très petite dimension, comme aussi les placages et les incrustations, l'ivoire et l'écaille, vraies ou imitées (l'industrie les livre aujourd'hui de qualité presque égale à tous les points de vue), présentent des ressources qui varient le travail de l'amateur, lui fournissant en outre une matière plus précieuse et plus rare. Le travail du découpage s'y fait comme pour le bois, avec les scies les plus fines mais la préparation qui consiste dans le polissage y est beaucoup plus minitieuse. Il se fait à la lime, au papier d'émeri ou à la prêle, puis après le découpage, on procède au finissage à l'aide du blanc d'Espagne pulvérisé et dissout dans l'eau légèrement savonneuse. Après quoi on passe à sec un chiffon de flanelle jusqu'à ce que la surface devienne absolument brillante. Quant aux

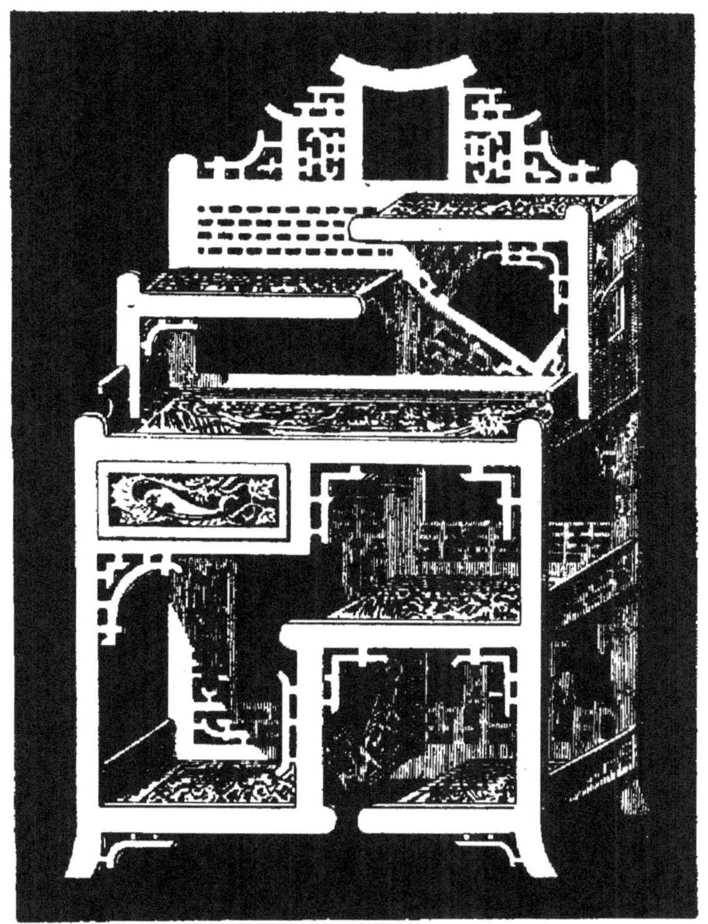

Étagère japonaise.

métaux, ils sont limités au zinc et au cuivre. Le
cuivre serait préférable si l'odeur qui s'en

dégage et s'attache aux doigts lorsqu'on presse longtemps la plaque laminée pour la présenter à la scie n'était aussi désagréable et, si l'on ne prend les précautions d'usage, quelque peu nuisible à la santé. Le mieux, selon nous, est d'adopter le zinc qu'on fera ensuite dorer, argenter ou nikeler. Enfin, pour le montage des pièces en métal, il faut recourir à la soudure et c'est là tout un travail à apprendre. Mais comme c'est un tour de main à acquérir le mieux sera d'aller le faire au début sous les yeux d'un ouvrier de la partie... et ne fait pas qui veut une belle et bonne soudure.

DE LA PRÉPARATION DES BOIS

Les bois sont livrés en planches minces planées et, en un mot, débités en vue du découpage. Toutefois ils exigent encore une préparation que certains poussent jusqu'au vernissage avant d'être présentés à la scie. En effet, bien que débitées en vue du découpage, les planches qui ont passé à la scie circulaire présentent encore des rugosités assez sensibles si elles n'ont été rabotées ensuite avant de vous être livrées. En plus, elles voilent souvent dans les transports et se gondolent, il faut donc rétablir une surface absolument plane et bien unie, et même pour les sujets qui ne seront pas placés sur un fond : ce travail doit être fait des deux côtés si l'on veut que la pièce soit non seulement agréable à l'œil, mais douce au toucher.

En l'état où les bois sont livrés par le commerce, ils ont rarement besoin d'être rabotés, mais seulement raclés et foncés. Toutefois, si l'usage du rabot voire même de la varlope était nécessaire, il ne faut pas oublier de fixer la planche sur l'établi par de petites pointes sans tête, qu'on enfonce avec une autre pointe, émoussée en forme de chasse-clou, jusqu'à mi-épaisseur du bois : autrement on risquerait d'écorcher le fer de l'outil. On peut racler sans cette précaution, mais le travail est plus aisé si l'on fixe la planche.

Le ponçage se fait à la poudre de pierre ponce dite impalpable ou au tripoli : on le fait à sec ou humodifié d'huile de lin lorsque les pièces doivent être vernies ; mais le travail à sec étant suffisant, il est inutile, selon nous, d'employer l'huile qui graissera par la suite le dessin, puis les doigts au cours du travail. Jointe à la **poussière** toujours en suspension autour de la **scie à** découper, cette huile pénètre profondément dans les pores de la peau et rien n'est plus désagréable à enlever. N'oublions pas que nous nous **adressons** à l'amateur et non au professionnel. **Si cet** accident vous arrive, un lavage à la **glycérine** vous remettra les mains en état.

Telle est la préparation que doit recevoir le bois avant le découpage. Certains, avons-nous **dit,** encaustiquent ou vernissent avant le travail. **Il** est évident qu'il y a là un avantage **en ce sens** que le découpage terminé, on n'aura **plus que** quelques raccords à faire, un lustrage au **vinaigre,** un frottage à la flanelle. Mais pour **procéder** ainsi il faut se servir de vernis de premier **ordre,** et s'en procurer n'est pas une mince **difficulté ;** telle maison qui ne fait que d'excellents **vernis** peut avoir dans une cuvée tel accident **dont on** ne se doute pas lors de la mise en flacons, **et** certains défauts se révèlent à l'usage. **Nous** reviendrons sur ce sujet un peu plus loin ; disons cependant de suite que l'on ne doit jamais vernir par un temps humide.

Choix et application des modèles. — Pour com-

poser des modèles en vue du découpage artistique il faut non seulement une certaine connais-

Monte-charge porte-cigares.

sance du dessin, mais une éducation assez complète puisée aux ouvrages des maîtres ornema-
nistes, tels que Berain et Salambier. Ces

modèles, en effet, n'ayant pour point de départ que l'arabesque et l'enroulement, à moins d'une aptitude très spéciale et d'une intuition personnelle très prononcée on ne saurait obtenir dans ces compositions toute la variété désirable à moins d'un fond d'études et de documents assez sérieux.

Mais l'industrie a remédié à cette difficulté en fournissant des modèles en quantité considérable, a tel point qu'il n'y a que l'embarras du choix, et ces modèles sont proportionnés aux objets à façonner. Ce choix dépend du goût de chacun : pour notre part, nous conseillons de se limiter à l'ornement proprement dit et nous bannirions volontiers les sujets, figures, animaux, etc..., tout cela étant de génie étranger, alors que c'est surtout dans l'ornement pur que se révèle le génie français. Pour l'amateur qui n'a point fait d'études de dessin, un peu de soin et d'application suffiront à donner à son travail toute la netteté désirable, alors que dans les sujets la moindre faute d'orthographe saute aux yeux et dépare l'ouvrage.

Contentons-nous donc du franc modèle de découpage, aux enroulements gracieux, à l'ornementation bien appropriée aux objets qu'on se propose de construire, et dans ce but on trou-

Porte-bouquet. — Montage à enchevêtrement.

vera les meilleurs types dans le *Découpeur français* et les autres albums de croquis des modèles de Tiersot, à Paris.

Ces modèles sont bien de grandeur d'exécution puisqu'on n'a qu'à les coller sur le bois
avant de procéder au découpage. Quelquefois ils
sont en deux ou trois grandeurs, mais il peut
arriver qu'on désire les exécuter en une grandeur
intermédiaire; il est donc nécessaire de recourir
au tracé de l'augmentation ou de la diminution
du modèle-type. Si l'on sait dessiner on pourra
recourir à la méthode si simple que nous avons
donnée dans des ouvrages précédents. Dans le
cas contraire on emploiera le *pantographe*,
appareil également très simple et qui se vend
avec l'instruction.

Si l'on n'a pu se procurer plusieur exem-
plaires d'un même modèle, et qu'on veuille répé-
ter l'objet plusieurs fois, il faut recourir au
calque, puis au transport de ce calque sur papier,
enfin au tracé définitif qui s'exécute à la règle
au pistolet (on en fait de toutes courbures), enfin
au compas. Tous autres sujets, fleurs, animaux,
se tracent à main-levée; mais, je le répète,
ce n'est point là, ce semble, le lot du découpage.

Le collage se fait à la colle de pâte ou de dex-
trine. Liquéfiez, sans excès, votre colle, endui-

sez bien l'envers du modèle ainsi que le bois ;
d'autre part, appliquez le premier sur le second,
et tapez à la brosse en partant du centre pour
aller vers les bords de façon à bien faire adhérer le modèle sans qu'il reste de bulles d'air à
l'intérieur. On se sert aussi avantageusement,
pour cette opération, du rouleau en caoutchouc

qu'on promène toujours du centre vers les bords.

Si l'on procède au collage du sujet sur bois
préalablement vernis, il est indispensable que la
couche de vernis soit depuis longtemps sèche et
fasse corps avec le bois. Autrement l'humidité de
la colle non seulement le ternirait, mais l'enlè-
verait par place, ce qui est toujours difficile à
raccorder.

La pièce ainsi préparée et bien sèche, il n'y a plus qu'à procéder au découpage, et c'est ce que nous allons faire.

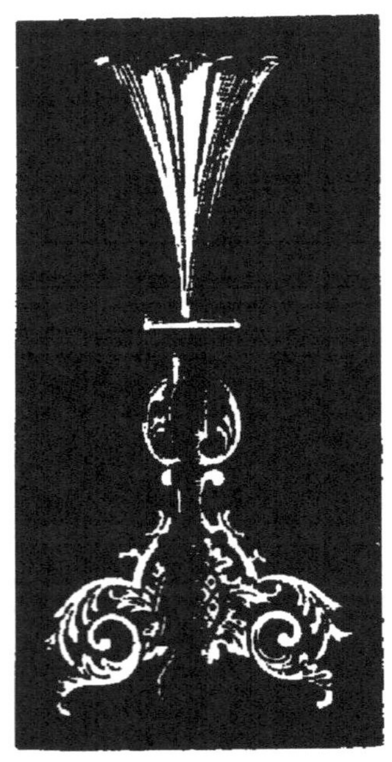

III

DE L'EXÉCUTION

CONDUITE DU TRAVAIL

La machine nous est connue, et c'est une machine à volant que nous avons adoptée. Quel qu'en soit le modèle, la table supporte un tiroir qu'on réservera pour les scies, le drille, les forets, une brosse douce, les chiffons. Tous ces objets après choix ou usage doivent y être replacés avec soin et ne pas traîner sur la table de la machine, laquelle, nous avons dit, doit toujours être propre et nette. Aussi l'amateur doit-il toujours avoir une autre table ou meuble à tiroir, à plateau épais et débordant pouvant servir d'établi, pour travailler au montage et à tout ce qui rentre dans l'ébénisterie ou la menuiserie ; enfin pour y serrer tous les outils.

La netteté du travail dépend : 1° du fonctionnement régulier de la scie, par conséquent de sa conduite de la pédale ; 2° du fonctionnement des mains et de la pression opérée sur le bois.

Le mouvement des pieds, qui mettent la machine en action, doit être doux et régulier, absolument régulier. On doit donc s'y exercer à vide jusqu'à ce qu'on le possède bien. Pour cela, il est nécessaire que la machine soit toujours en état et graissée en tous ses rouages.

Sûr de la régularité du fonctionnement, vous placez horizontalement votre bois sur la table de la machine et vous introduisez la scie dans l'un des trous préalablement percé au foret, et ce, toujours par en bas afin de voir ce que vous faites, et pour plus de facilité à fixer la scie dans la mâchoire supérieure.

Vous mettez alors la machine en marche, pressant le bois contre la scie autour du trou de foret avant d'aborder le trait véritable. Vous jugez ainsi si tout va bien, si la tension de la scie est bonne : trop forte, elle casse vite la scie ; trop faible, elle la ploie, éraille le bois et fait *babocher* le trait. Vous rectifiez au jugé.

Les machines à volant, qui ont une grande

puissance d'impulsion, effrayent quelquefois le débutant. Émile Blin, dans son article paru dans le *Découpeur français* [1], explique très clairement pourquoi cette crainte doit être écartée, et voici comme il parle aux timides.

« Il leur semble, dit-il, impossible d'arriver à la production de leurs dentelles de bois avec une machine qu'ils qualifiaient de lourde, et dont la roue, lancée à toute volée, donne à la scie une force et une vitesse incompatible avec la nécessité d'arrêter le mouvement à tout instant, pour tourner et retourner le bois, surtout lorsqu'il s'agit de bois très mince et par conséquent très fragile.

« Comment, en effet, arrêter juste au point voulu la lame de scie, alors qu'elle est lancée avec une si grande force, sans qu'elle dépasse l'endroit précis où doit cesser son action ? Comment la guider dans une courbe sinueuse, une ligne brisée aux contours capricieux, comme on en rencontre à tout moment dans les dessins de la découpure, alors que le volant lui imprime une rapidité que la main ne peut

1. N° 165, septembre 1888.

atteindre pour lui faire suivre avec sûreté et
nctteté les méandres du dessin ? Le moins qu'il

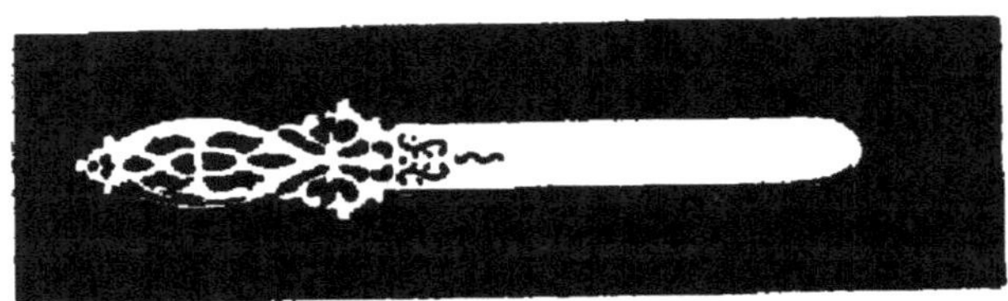

puisse en résulter n'est-il pas un déchiquetage
presque informe, en même temps que des rup-

tures continuelles du bois et de la lame de scie ?
« Eh bien ! il y a là une erreur des plus

grandes, une opinion mal fondée ; cette erreur
est reconnue, cette opinion est modifiée dès que
celui qui la professe consent à s'asseoir devant

une machine à pédale et à volant, — et à la faire
fonctionner pendant seulement cinq minutes.

« Tout d'abord, il constate que la force
imprimée à la scie par la pédale et le volant n'a
rien de brutal, et que son degré varie à chaque

instant avec la plus grande facilité, au gré de l'exécutant, mais qu'à aucun moment du travail l'action de la scie n'échappe à celui-ci. Il est à remarquer que, si fortement lancée que soit la machine, il est toujours possible, avec un peu de pratique, de l'arrêter complètement avant que le volant ait eu le temps d'accomplir une révolution entière ; mais ce brusque arrêt n'est même jamais nécessaire : le plus important reproche adressé à la machine à volant étant de ne pas permettre de faire cesser l'action de la scie juste au point voulu, il est assez curieux de démontrer que rien n'est plus facile, au contraire, que d'obtenir ce résultat sans arrêter ni même ralentir le mouvement de la scie.

« Une réflexion des plus simples le fait comprendre immédiatement : pourquoi la scie mordelle le bois ? parce que l'exécutant pousse celui-ci contre elle. Le va-et-vient de la scie et la pression du bois contre ses dents constituent deux mouvements absolument indépendants l'un de l'autre ; la scie pourra monter ou descendre avec plus ou moins de force, avec une vitesse plus ou moins grande, tant qu'on ne pressera pas contre elle un morceau de bois, elle ne mor-

dra rien, ce morceau de bois ne serait-il qu'à
un demi-millimètre de la pointe des dents.

« Eh bien ! dans la pratique on n'a pas autre
chose à faire pour arrêter l'action de la scie que
de cesser de presser le bois contre celle-ci. Il
y a là une petite manœuvre très intéressante et
des plus aisées à exécuter ; il nous arrive fort
souvent d'en faire la démonstration expérimen-
tale devant les personnes qui, étrangères aux
choses de la découpure et nous voyant travailler,
toujours à grande vitesse, ne manquent pas de
soulever de suite cette objection : l'impossibilité
ou tout au moins la difficulté d'arrêter le mouvement au point marqué du dessin. Nous opé-
rons alors devant elles en lançant la machine à
grande vitesse quant au mouvement de la scie,
mais en n'appuyant le bois contre elle que bien
légèrement et en ne le poussant que très doucement, ce que, d'ailleurs, on doit toujours faire ;
et quand nous atteignons le point terminus, non
seulement nous ne poussons plus le bois, mais
encore nous le tirons un peu en arrière ; la scie
épuise alors la force acquise et continue de monter et descendre avec vitesse, mais ne mord plus
le bois : le résultat est acquis.

« Quant à la possibilité de suivre facilement les lignes courbes du dessin, surtout des courbes à très petit rayon, avec la machine à volant, nous dirons que ceci est une affaire de pratique, d'habileté, de talent, si l'on veut, chez le découpeur ; mais cette habileté s'acquiert aisément, et lorsqu'on la possède, on produit beaucoup d'abord, en raison de la puissance de la machine, puis la netteté du trait de scie et la régularité des contours sont toujours bien supérieures à celles obtenues avec la machine à main, laquelle, quoi qu'on en dise, procède forcément un peu par saccades et ne laisse qu'une main au découpeur pour diriger le bois.

« Signalons, en passant, le défaut de tous les débutants, qui est de toujours pousser trop fortement le bois contre la scie ; sous cette pression, celle-ci se courbe, agit par soubresauts, s'écarte du dessin, et le plus souvent finit par se briser. Il faut donc calculer cette poussée et tenir compte en l'exerçant de la dureté du bois, de son épaisseur, comme aussi de la rapidité du mouvement qu'on imprime à la scie ; la morsure doit être aisée, nette et s'effectuer sans effort ; on reconnaît d'ailleurs que l'on est dans des conditions normales quand la planchette n'a aucune tendance à être soulevée par la scie lorsque celle-ci remonte. »

Nous nous sommes longuement étendu en cette

citation d'Ém. Blin, praticien consommé, parce que, comme lui, nous estimons que cette conduite du début a une extrême importance. Ce mouvement de *retrait* du bois, opéré par la pression des mains, a, en outre, l'avantage d'exercer celles-ci à une manutention souple et facile. Or il est nécessaire de recourir à ce mouvement chaque fois qu'il se présente un obstacle quelconque au travail, alors même qu'on en aurait reconnu la cause. Donc, actuellement, notre scie fonctionne bien : nous la faisons mordre à volonté, examinons maintenant la direction à lui donner. Tout d'abord, nous veillerons à ce que le sciage se fasse *sur* le trait même et non tout contre, le tracé en doit donc disparaître à mesure qu'on avance. Dans les courbes, il faut veiller à ce que, par suite d'un faux mouvement des mains, la scie ne subisse une déformation en oblique, ce qui vous démontrerait que le bois ne lui est pas présenté selon l'indication du modèle : il faut donc que la pression des mains, un peu moins forte que pour les lignes droites, donne cependant très nettement le mouvement tournant qui fait chantourner la scie selon le tracé. C'est surtout dans ces courbes que les débutants cassent le plus de scies. Il ne faut nullement s'en effrayer ni se rebuter, mais bien se dire que c'est la part du feu, que tous ont été obligés de sacrifier à la première heure. Voilà pour les droites et les courbes qui, au

vrai, ne présentent pas de difficultés sérieuses.
Il n'en va pas de même des angles aigus, des
pointes qui se rencontrent à chaque instant dans
le modèle. Ici encore, nous suivrons les conseils
d'Émile Blin.

« Tous nos motifs, dit-il, quels qu'en soient le
style, la forme ou la destination, comportent de
nombreux entrecroisements de lignes, d'où
résultent, à tous moments, des angles de toutes
formes et de toutes ouvertures. A chaque instant,
une ligne droite ou courbe est interrompue par
le passage d'une autre ligne qui la croise. Ces
points d'intersection appellent la plus grande
attention, et leur exécution demande tous les
soins du découpeur ; là, une coupe franche,
nette et vive est de toute nécessité ; le sommet
de l'angle aigu ou obtus doit être traduit par la
scie aussi rigoureusement que l'indiquait le
dessin.

« Ceci nous amène à parler de la manœuvre
qui revient si souvent au cours du travail : la
rotation sur place. Sans la proscrire radicale-
ment, nous recommandons d'en user le moins
possible et, en tous cas, de ne jamais l'employer
au sommet d'un angle. Si grande que puisse

être l'habileté de l'exécutant, il n'obtiendra jamais la pointe nette et vive d'un angle rentrant ou saillant, surtout d'un angle aigu, si, arrivé à cette pointe, il pivote sur place, pour revenir par l'autre branche de l'angle.

« Et ce que nous disons là ne s'applique pas seulement aux pointes fines des angles aigus ; nous conseillons de remplacer la rotation par une

autre manœuvre, dans tous les cas où les exigences du dessin obligent à un changement brusque de direction de la scie. On est trop tenté de croire que la scie, une fois engagée en un point quelconque de la ligne qu'elle doit suivre, doit aussi parcourir cette ligne d'un bout à l'autre sans la quitter et suivant tous ses méandres. Il n'en est rien ; ce qui est indispensable, c'est de ne pas s'interrompre entre deux sommets d'angles, mais chaque intersection des lignes est une station où l'on doit s'arrêter.

« Nous pensons nous faire mieux comprendre en priant notre lecteur d'admettre un instant

avec nous que, en somme, le découpage d'un dessin consiste à faire dans le bois des trous d'une certaine forme; il y a donc toujours d'un côté de la scie quand elle agit, une partie de bois qui sera enlevée, précisément pour donner lieu au trou en question; il n'existe aucune raison pour ménager ce fragment de bois, et nous pouvons y promener la scie en toute liberté pour y tailler au plus vite un vide, une sorte de chambre, dans laquelle la scie se tournera et se retournera à son aise.

« Remarquez que le petit trou percé par le foret pour l'introduction de la lame est déjà un peu cette chambre, et que rien n'empêcherait de l'agrandir avec la scie avant de conduire celle-ci sur la ligne du dessin.

« Lors donc que nous sommes arrivés au sommet d'un angle, reculons un peu la scie, et, tournant le bois, faisons-la mordre dans cette partie inutile pour, de là, gagner la chambre vide. Nous partirons alors de nouveau de ce point pour rejoindre la ligne du dessin, de façon à aboutir au même sommet en venant d'une autre direction, et nous aurons alors à cette intersection une coupe aussi nette que possible ; nous obtiendrons déjà en même temps la chute d'un fragment qui agrandira le vide, et nous permettra de nous mouvoir plus à notre aise et de recommencer facilement la même manœuvre jusqu'au découpage complet du trou.

« Il résulte de cette manière d'opérer une

sorte de déchiquetage du bois, mais c'est un
déchiquetage régulier, méthodique, qui laisse
au dessin toute sa pureté et tout son caractère. »

Voilà donc résolue la question de la conduite
de la scie en ce qui concerne les lignes droites,
les courbes, les pointes ou sommets d'angles, ce
qui résume à peu près toutes les directions que
prendra le travail du découpage. Mais comme
dit Petitjean, le plus difficile, c'est le commen-
mencement. Par où doit-on attaquer le travail ?
Sur ce point, les avis sont fort partagés et toutes
les théories s'appuient sur d'excellentes raisons.
Les uns commencent par l'intérieur de la pièce,
pour conserver le plus de solidité possible au
bois, d'autres praticiens dégagent en premier
l'extérieur pour terminer au centre, faisant
valoir que l'ajustage doit être à découvert avant
toute découpure ornementale.

Nous inclinons pour le premier système. Sauf
pour les pièces d'un montage extrêmement délicat (encore on peut parer à la fragilité par un
moyen fort simple que nous allons expliquer), il
est beaucoup plus logique, selon nous, de partir
du centre de la composition d'un dessin pour
aller vers l'extérieur que de procéder en sens

contraire. N'oublions pas que c'est d'une distrac-
tion *artistique* qu'il s'agit ici ; or, il est plus

normal, à ce point de vue, de dégager tout d'abord
le centre d'intérêt d'une pièce, sauf à le faire
valoir ensuite par des détails accessoires, que

de le laisser dans la matière au profit de ces
détails. Supposez en effet que, par une cause

·indépendante de la volonté, le travail soit inter-
rompu : dans le premier cas, le spectateur sera
quand même intéressé par le peu qui aura été

fait ; procédant par comparaison, supposez dans une statue ébauchée, seulement la tête se dégageant d'un bloc de marbre, elle vous intéressera autrement que telle autre partie du corps, bras ou jambe, qui aurait pu en être dégagée. Du petit au grand, le principe est le même.

En ce qui concerne la solidité du bois à ménager — certes l'objection vaut la peine qu'on s'y arrête — mais nous pensons qu'on peut très bien obvier à la fragilité qui résulte du découpage intérieur en couvrant en placage par des lames de bois fixées aux extrémités par des pointes ou comme font certains en doublant totalement la pièce.

Il ne reste donc plus à élucider que la question du montage avant tout travail. Certes, pour un travail important comme un petit meuble fantaisie, une jardinière ou une pièce compliquée, il est bon de s'assurer que le montage se fera sans anicroches et pour cela il est nécessaire de présenter l'une à l'autre les deux pièces de raccord, quelle que soit la nature de l'assemblage : mais cela n'atténue en rien l'excellence du système préconisé ci-dessus, puisqu'il suffit de découper le contour extérieur, et il n'est nullement besoin pour cela de découper les parties internes qui touchent ce contour et forment ornement. Au vrai, cela n'est que de la menuiserie exécutée à la scie.

Pour terminer, rappelons à l'amateur qu'il doit commencer par des pièces[1] extrêmement

1. Toutes les planches que nous avons données dans ce chapitre peuvent servir de types comme modèles simples de début.

simples et ne pas se laisser séduire par l'apparence d'objets d'une exécution compliquée. C'est la perfection du rendu qu'il faut chercher tout d'abord avant de se lancer dans la difficulté. Un petit cadre, un porte-pipes, une étagère reproduits avec netteté révèleront mieux le bon goût et le soin délicat apportés au travail qu'un objet plus grand et d'ornementation plus compliquée s'il présente des défectuosités que seules peuvent écarter, à la longue, la pratique et l'expérience.

ASSEMBLAGE, AJUSTAGE, RETOUCHES FINALES ET VERNISSAGE

Nous venons de voir que, pour les pièces un peu compliquées, il est bon de s'assurer de la rectitude que présentera l'assemblage avant de commencer le travail du découpage. Cela est d'autant plus logique que l'assemblage étant de la menuiserie, il est préférable d'opérer sur les bois pleins et non encore découpés. Il n'en est pas de même de l'ajustage qui est, selon nous, un véritable travail d'ébénisterie et se fait lentement, à travers mille précautions, et avec des outils de précision toujours bien affilés : dans ces

conditions, il n'est aucun risque de casse, surtout si l'amateur a suivi une marche progres-
sive dans le choix de ses modèles. Ce qui l'eût
effrayé au début dans les pièces d'un montage
difficile devient un jeu pour lui et n'est pas la
partie la moins intéressante du découpage, bien
au contraire, puisqu'elle est pour ainsi dire le
couronnement de l'œuvre.

L'assemblage le plus simple est le plat-joint

Drille et forêt.

qui consiste à fixer deux planchettes le champ
de l'une à la surface de l'autre. Il suffit pour
cela que les deux parties soient bien dressées à
l'équerre et au rabot, et on les fixe à l'aide de
clous ou de vis fines, après avoir préalablement
enduit les parties d'un filet de colle forte. Cet
assemblage n'est guère solide ; on l'emploie le
plus rarement possible.

Il nous fournit toutefois l'occasion de parler

des vis et des clous. Les bois employés dans le
découpage étant presque toujours fragiles soit

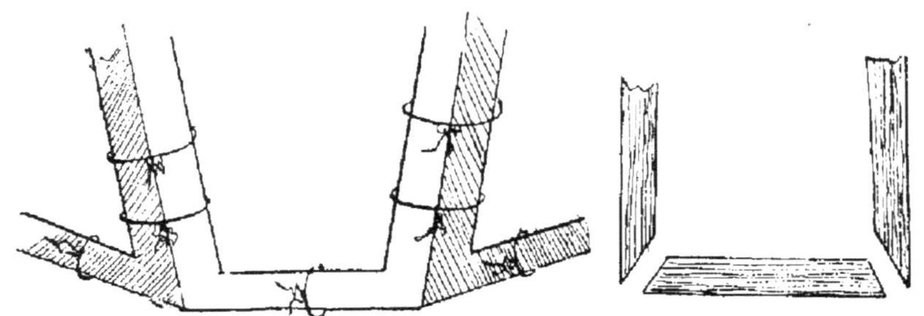

Assemblage à plats-joints et en biais.

par leur nature (un clou pénètre difficilement
dans une partie mince de chêne), il est nécessaire

de percer, au préa-
lable, les trous
au foret dans l'une
et l'autre partie qui
devra recevoir le
clou. Pour les vis,
la même précau-
tion est nécessaire ;
en outre, il est bon
d'agrandir le trou
avec une vrille spé-
ciale, *à peu près*

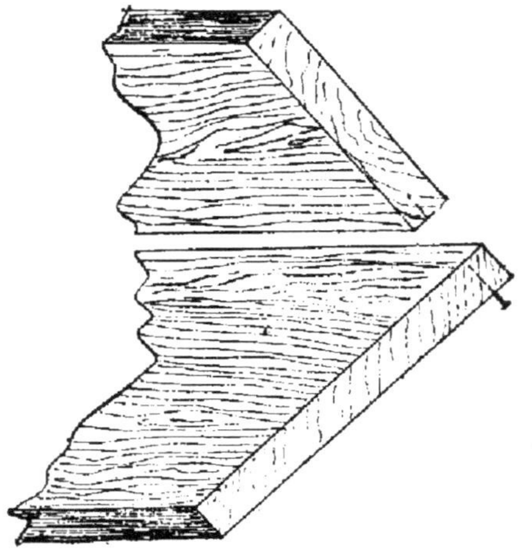

Assemblage à plats-joints.

de la même grosseur que le filet de vis. La vis

doit être bien graissée, et enfoncée à fond, davantage même, et l'on aura eu soin de fraiser le bois, c'est-à-dire d'avoir ouvert le trou avec un petite gouge bien affilée, afin d'y loger la tête de vis qu'on masquera avant le vernissage final avec une pâte faite de colle forte malaxée de sciure de bois ou de cire à modeler teinte de la couleur du bois.

Bien que précédés d'un avant trou, les clous risqueraient encore de casser le bois si l'on n'en émoussait la pointe, soit en la frappant légèrement contre une surface de fer, soit en faisant sauter cette pointe avec une tenaille ou une pince *ad hoc*. On en enfonce la tête avec un chasse-clou et on recouvre comme pour les vis.

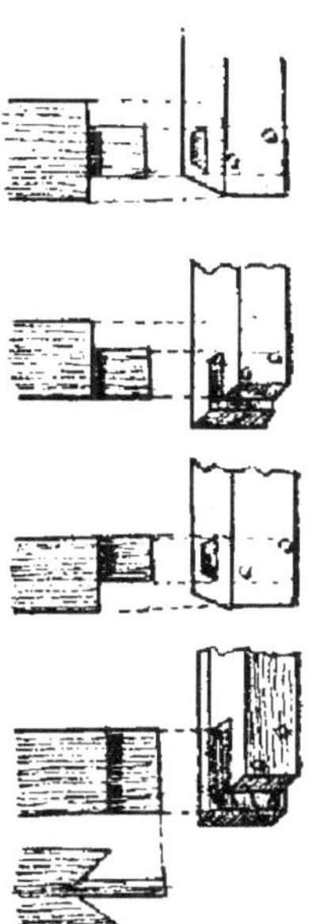

Assemblage à tenons et mortaises.

Aboutage des bois.

L'assemblage à onglet qui se fait de champ sur champ, les deux pièces étant taillées en biseau, employé surtout pour le montage des pièces en hauteur, un cache-pot par exemple, est surtout avantageux lorsque les pièces sont fermées de toute part. Autrement, l'assemblage manquerait de solidité. On peut abattre les angles du bois au couteau et à la râpe, ou encore au rabot, et

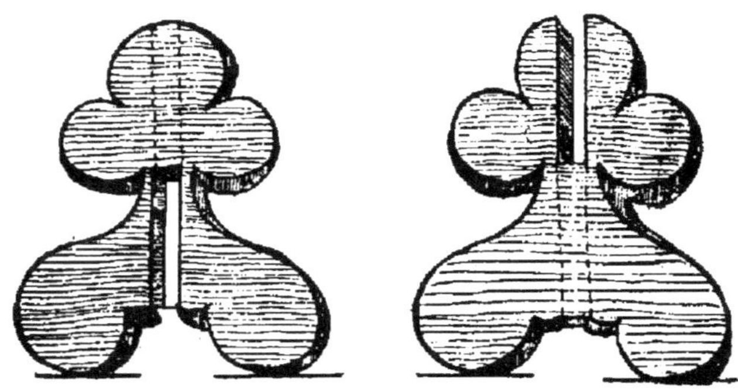

Assemblage à enchevêtrement.

à mainlevée; mais pour ces deux moyens, il faut un coup d'œil sûr et un peu d'expérience déjà. Le mieux est de se servir de la machine à cadre ou de la boîte à onglet, ou mieux encore de la boîte à réglage, spéciale de Tiersot, qui règle les pentes diverses.

Ces deux moyens d'assemblage manqueraient absolument de solidité employés seuls, mais le

le cas est fort rare où ils ne soient pas accompa-
gnés d'assemblage à tenons et mortaises, ou à
queue d'aronde, qui sont les seuls vraiment
solides. Mais comme les premiers sont d'exécution plus facile, on peut les employer dans
tous les assemblages qui ne forment pas soutien.
Ainsi dans une jardinière ou un cache-pot, la
partie circulaire peut avoir ses côtés assemblés
à onglets; mais
la base sur le
fond ou plateau
sera montée par
tenons sur mor-
taises. Un autre
mode encore pré-
sente une grande

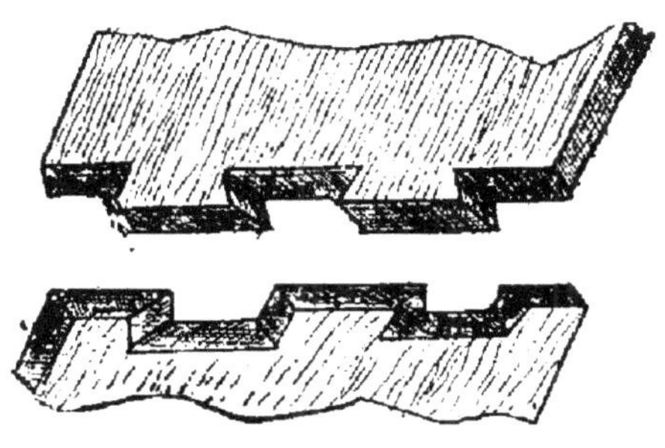

Assemblage à queue d'aronde.

solidité, c'est l'assemblage à enchevêtrement; il
convient particulièrement pour les candélabres
et autres pièces à pied, telles que coupes et autres.

Le mode le plus important à connaître est donc
celui de l'assemblage à tenons et mortaises. En
effet, l'emboîture ainsi obtenue, surtout si l'on a
en outre la précaution de tremper les tenons
dans la colle forte (employée très liquide), présente presque l'homogénéité du bois lui-même,

Or ce genre de montage n'est pas plus difficile qu'un autre, mais il demande plus de précision encore que le décor lui-même. Car, en
découpage, tenons et mortaises se font à la scie.
Mais, au préalable, il est nécessaire de bien
vérifier au compas si les proportions sont bien
justes, et pour les tenons de découper à l'ara-

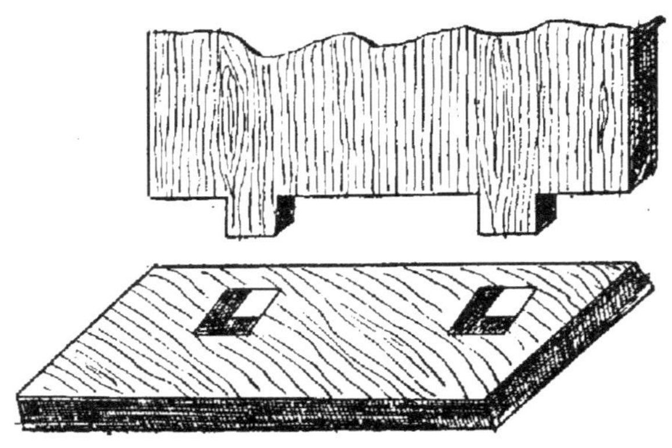

Assemblage à tenons et mortaises.

sement du trait de façon à laisser un peu de
matière, très peu à la vérité, pour faire l'ajustage à la râpe ou à la lime. En effet, pour que
le montage soit bon, il est nécessaire que le
tenon entre de force dans la mortaise. On com-
prendra qu'avec la minceur des bois employés,
il faut que les mesures soient mathématiquement
prises, et l'ajustage méticuleusement fait.

Bien que précédemment nous ayons employé souvent l'un pour l'autre les mots de montage d'assemblage et d'ajustage, il existe pourtant entre eux une différence réelle pour les praticiens. Au vrai, l'ajustage est la vérification et le contrôle des opérations de l'assemblage, et le montage en est la fixation définitive. Le tout forme donc une seule opération divisée par trois termes. Nous venons de voir les différents modes du premier. Dans le second, il faut ranger une série de petites opérations destinées à rectifier les erreurs — ici on a découpé trop de matière, il faudra juxtaposer une pièce ou introduire une petite cheville — là on en a réservé trop, il faut faire appel à la râpe ou à la lime ; le tire-point sera nécessaire pour le sommet d'angle, etc... Tout cela est une question de coup d'œil, lequel n'est exercé que par un peu de pratique.

Enfin le montage, c'est-à-dire la fixation définitive des pièces complètement préparées, se fait à la colle forte et à l'aide de pointes et de vis. Nous n'avons rien à ajouter à ce qui a été dit ci-dessus pour les précautions à prendre. Il faut avoir toujours présente à l'esprit la fragilité du bois, et songer que pour le montage définitif ce n'est pas seulement de l'ébénisterie qu'on traite, mais presque de la bijouterie, tant la manutention des pièces détachées doit être délicate.

DU POLISSAGE ET DU VERNISSAGE

De même que pour l'assemblage, la plupart des amateurs aujourd'hui ont adopté de polir et même de vernir les bois avant le découpage : l'inconvénient est que l'enlevage du papier collé à la pâte, qui est le modèle, nécessitant l'emploi de l'eau ou plutôt de l'éponge humide, s'il ne détruit pas le poli, attaque toujours plus ou moins le vernis de quelque bonne qualité qu'il puisse être. Mais cet inconvénient est minime : on y obviera facilement par une retouche, ce qui est toujours plus aisé que le vernissage complet.

Or une fois la pièce découpée, moins elle aura de manipulations à subir mieux cela vaudra pour diminuer les risques de casse. C'est pourquoi nous sommes absolument d'avis de polir et de vernir les bois avant le découpage. Mais il ne saurait en être de même lorsque la pièce doit être encaustiquée, parce qu'alors l'humidité nécessaire à l'enlevage du modèle compromet la préparation et inévitablement occasionne des taches qu'on ne peut retoucher. Le travail serait à recommencer neuf fois sur dix — il est donc bien inutile de le faire au préalable.

Il y a deux manières de vernir : la meilleure sans contredit, la seule employée par les ébénistes, soucieux de bon travail, est le vernissage au tampon. Mais le second moyen qui consiste à vernir au pinceau est indispensable pour les retouches, et le découpeur doit savoir jouer du pinceau autant que de la scie.

Il est inutile de parler ici de la composition des vernis, ils se vendent tout préparés, blancs, ou de nuances assorties aux bois employés ; à vous de choisir les mieux appropriés à votre travail.

Pour vernir au tampon voici comment on procède :

On confectionne soi-même un tampon fait d'une pièce carrée de vieille toile dans laquelle on place une forte poignée de laine déchiquetée et bouchonnée à la main : on relève les coins de la toile et on attache le col ainsi obtenu avec une ficelle fermant bien, mais facile à dénouer. La pièce à vernir ayant été au préalable passée à l'huile de lin de façon à ce que l'huile ayant bien pénétré dans le bois, l'ait bien graissée de part en part, on la fixe à plat sur une table ; on introduit dans le tampon, en l'ouvrant bien entendu et non à la surface extérieure, quelques gouttes de vernis ; on le referme, et cette fois à la surface extérieure, on laisse tomber deux ou trois gouttes d'huile de lin, pas plus, il s'agit simplement de graisser cette surface pour aider le vernis à s'étendre et traverser la toile, le mieux serait de faire comme certains qui passent un pinceau gras sur le tampon, et l'on vernit.

Lorsqu'on applique le vernis sur la pièce de bois, il faut un tour de main plein de souplesse : à peine le tampon doit-il adhérer au bois, et c'est l'inflexion douce du poignet qui joue le grand rôle en ceci. On manœuvre en tous sens et il ne faut jamais s'arrêter au cours du travail. Ici comme ailleurs, l'apprentissage se fait sur de petites pièces.

On peut revernir au tampon plusieurs fois après siccité parfaite de chaque couche jusqu'à ce qu'on ait obtenu une belle surface de vernis-glace.

Sur un tel vernis, il faut, lorsque le découpage est terminé, employer une éponge très douce, à peine humectée d'eau pour enlever le modèle qu'on n'y aura collé qu'après siccité parfaite et en employant là colle de pâte très liquide et surtout très fluide, sans grain d'aucune sorte ; la surface du vernis aide beaucoup au collage mais aurait une tendance à gripper si l'on employait la colle épaisse.

Pour les retouches, le meilleur produit est le vernis Vibert qui ne forme pas d'épaisseur est très fluide et sèche en quelques instants. Pour essuyer les vernis secs on ne doit se servir que du foulard de soie ou de la peau de daim souple et bien sèche.

L'encaustique s'emploie principalement pour le chêne et le noyer. Après avoir teinté les bois au pinceau d'une couche légère de brou de noix plus ou moins colorée selon ce qu'on veut avoir, on étend, au chiffon de laine, sur toute la surface lorsqu'elle est bien sèche, une couche également légère d'encaustique, fait de cire dissoute à froid dans l'essence de térébenthine, on laisse sécher et onfrotte avec un drap ou une flanelle.

IV

LA MARQUETERIE

———

La marqueterie et la pyrogravure sont les complémentaires naturels du découpage, si l'on veut obtenir un aspect varié et véritablement artistique. Sans leur concours, l'amateur, s'il ne se lasse de la monotonie du découpage, n'y élève point son goût et se prive des ressources d'un coloris d'ailleurs très sobre, mais par là même très décoratif au sens où on l'entend aujourd'hui.

Or, tout découpeur expérimenté peut devenir rapidement un bon marqueteur, et si beaucoup n'osent le tenter, c'est qu'ils ignorent comment s'exécute la marqueterie, et pensent que la pyrogravure s'obtient avec des appareils compliqués. Les uns croient que l'on incruste le dessin sur un fond, d'autres pensent que tout se fait à l'emporte pièce. S'il était obtenu par incrusta-

tion, le travail présenterait de grandes difficultés.
et serait une véritable mosaïque exigeant un
temps considérable; nous n'en parlerons pas.
Quant à la marqueterie faite à l'emporte pièce,
elle est exclusivement industrielle et n'offre d'a-
vantage que pour reproduire un grand nombre
de fois le même dessin; enfin elle exige un
outillage fort coûteux et n'est point, selon nous,
du ressort de l'amateur.

Voyons donc les moyens pratiques qui
doivent, selon nous, conduire l'amateur à de
bons résultats, n'exigeant de lui qu'un peu de
soin et de goût et quelque connaissance du dessin, afin qu'il puisse aisément retrouver l'assemblage des pièces et parer aux accidents.

L'outillage est des plus simples et le découpeur
le possède en partie. Il y ajoutera un récipient
sans soudure, en tôle, empli de grès pilé ou de
sable blanc ordinaire tamisé avec soin pour qu'il
ne s'y trouve aucun gravier, si petit soit-il.
Une boîte en bois de 20 à 25 centimètres carrés
avec des bords très bas (2 centimètres environ)
dans laquelle il placera bien en ordre les morceaux découpés. Enfin un pot de gomme arabique
liquide provenant d'un bon fabricant, c'est-à-dire

bien préparée, celle qu'on fait soi-même se corrompant très vite faute d'avoir été, comme on dit aujourd'hui, stérilisée; enfin des pinces de fleuriste, souples, pour prendre les morceaux de marqueterie.

Les modèles se vendent en deux états : la feuille à l'effet qu'il faut conserver et avoir devant soi au cours du travail et la feuille de trait qui sert au découpage des pièces.

Si l'on ne possède une feuille de trait, on fait un décalque à l'aide d'un papier à calquer enduit d'une matière colorants grasse, bleue ou sanguine, qu'on trouve tout préparé dans le commerce.

Les premiers essais devront être en deux tons seulement. Pour cela, on prend deux feuilles de placage, l'une claire, l'autre foncée, que l'on superpose et ces feuilles étant fort minces, on les fixe sur une petite planche, dite de soutien, avec des pointes fines ou des points de colle liquide. Le premier moyen est connu, nous l'avons indiqué à propos du découpage, et il suffit d'avoir soin de placer les pointes extérieurement aux parties de dessin qui formeront la marqueterie, de façon que toute trace de ces pointes tombe dans les chutes de bois.

Pour le second, voici comment on procède :
On place sur une table unie le morceau de placage le plus foncé, et de distance en distance, 5 à 7 centimètres environ, on pose un rond de papier (de la grosseur d'un pain à cacheter ordinaire) trempé dans la colle forte liquide très claire, pour avoir le moins d'épaisseur possible, et l'on applique immédiatement la seconde feuille de placage ; on met en presse une bonne heure. Cette opération n'empêche pas, si l'on a employé du placage très mince, de placer au-desous la feuille de bois mince dite de soutien, qu'on fixe alors avec des pointes, et le dessin étant appliqué, on procède au découpage des pièces. Si le modèle est compliqué, on prend une feuille de placage de chaque ton et l'on procède de même.

Toutefois on négligera les rehauts vifs comme le rouge, le bleu, le jaune, qui ne s'y trouvent d'ordinaire qu'en petites pièces, parties de fleurs, grains, perles, etc..., pour en faire des découpages à part avec de petits morceaux de placages de couleurs, autrement on aurait trop de perte.

« On divise, dit C. Boucard dans son excellent

petit manuel du découpeur[1], le dessin par quart pour ne pas faire de mélange, si, comme il arrive le plus souvent, les quatre coins sont pareils ; on recueille les petits morceaux au fur et à mesure qu'ils sont découpés, et on les place dans des boîtes numérotées par quart ; puis, lorsque le dessin est entièrement découpé, on glisse entre les deux découpages une fine lame de couteau pour les séparer ; le couteau à palette du peintre est d'un emploi très avantageux (on le choisira long, effilé, très souple) ; ensuite on place sur une planchette bien unie, ou sur une table, une feuille de papier pas froissé, de la dimension de la pièce de marqueterie. On fixe cette feuille par un point de colle forte aux quatre coins ; puis on prend la partie du découpage qui fait corps et est généralement l'encadrement, on met en dessous, et surtout dans le pourtour, quelques points de colle forte ; puis on la pose sur le papier et on la met en presse, soit au moyen de livres ou de planchettes unies, surchargées d'un poids quel-conque. Lorsque la colle est suffisamment prise, on découvre et on opère comme dans un jeu de

1. Paris, Tiersot, éditeur. Prix : 70 centimes.

patience, en faisant rentrer les morceaux foncés dans le découpage clair, et *vice versa*, ce qui donne deux plaques, l'une fond blanc avec dessin noir, l'autre fond noir avec dessin blanc.

Il est à propos, surtout si la plaque de marqueterie est un peu grande et compliquée, de mettre un point de colle forte claire sous chaque petit morceau que l'on pose, sans quoi on s'expose, dans un mouvement un peu brusque, à déranger tout le travail.

Lorsque tous les trous sont remplis, on donne une légère couche de colle forte claire sur une feuille de papier ordinaire, et on l'applique sur son travail, en ayant soin d'appuyer fortement avec les doigts ou la paume de la main pour que chaque morceau se trouve pris par la colle, et on retourne l'objet afin de s'assurer que chaque morceau est bien en place. Comme il serait à craindre, en soutenant les plaques, que quelque parcelle ne se détachât, il est bon d'avoir une seconde planchette qui pose sur le papier, de sorte que le placage soit pris entre les deux ; en les tenant serrées dans les doigts, il est facile de les renverser sans accident.

On doit donner une grande attention à ce que

les petits morceaux affleurent bien le dessin du côté où a été collé le papier, car c'est celui-là qui sera visible.

Cette opération terminée, on met en presse entre deux feuilles de papier, afin que, s'il y avait quelque bavure de colle, le placage n'adhérât pas à la presse, et on laisse sécher. Une fois montée sur papier, la marqueterie peut se conserver des années avant d'être plaquée sur bois ; mais alors il est bon de le laisser toujours en presse et dans un endroit à l'abri de l'humidité ou d'une trop grande sécheresse. »

Quel que soit le genre qu'on veuille traiter, la première chose à connaître, c'est la manière d'ombrer la marqueterie, autrement elle ne donne qu'une mosaïque plate et sans effet.

Pour cela, on aura une boîte en tôle agrafée et non soudée, ou une casserole ordinaire en fer battu qu'on emplira de grès pilé ou de sable blanc bien tamisé. On fera chauffer le plus possible le sable et on le maintiendra sur le feu pendant l'opération. Puis on prendra, à l'aide des petites pinces, chacun des morceaux à ombrer et l'en plongera dans le sable la partie qu'on veut obtenir foncée, en ne perdant pas de vue la teinte fondue qui, partant de ce point, ira en se dégradant et en s'adoucissant, et se fondant dans le bois. On obtient ainsi, non seulement une ombre, mais aussi une demi-teinte qui donne de la douceur au travail.

Un moyen très pratique d'ombrer les pièces de marqueterie est de se servir de l'appareil de pyrogravure, dont la conduite est si simple et ne demande pour ainsi dire pas d'apprentissage. Il remplace avantageusement l'ombrage au sable dont il peut donner les demi-teintes, et d'autre part évite les surprises par la direction sûre qu'on peut donner à l'action du feu.

On a divisé les marqueteries en plusieurs genres, selon qu'elles sont à arabesques, arabesques et fleurs, fleurs et oiseaux, arabesques fleurs et oiseaux réunis, unies ou ombrées. Au vrai, l'exécution est toujours la même, les précautions diffèrent seules et, selon nous, le tact de l'amateur suffit à le diriger. Toutefois, lorsqu'un dessin est compliqué, comme dans un bouquet de fleurs, par exemple, il faut d'abord exécuter le découpage sans se préoccuper du fond ; chaque feuille ou fleur est découpée séparément dans une plaque de bois de la couleur qui lui convient, et on a soin pour les parties qui s'entrecroisent de faire les joints en superposant les morceaux voisins l'un de l'autre et en découpant en double; on ne fait les petites dentelures des feuilles que lorsque l'on incruste le bouquet dans le fond.

Dans ce genre d'ornementation assez complexe, il reste au marqueteur délicat une dernière ressource qui est la gravure au burin et à la pointe, telle qu'elle est pratiquée dans la gravure sur bois. Nervures des feuilles ou séparations de pétales de fleurs, filets minuscules d'une ornementation fine s'obtiennent ainsi. Certains remplissent aussi le sillon de la gravure de mastics colorés. Nous ne pouvons insister davantage sur les petits procédés que l'imagination suggère d'ailleurs à mesure qu'on obtient des résultats meilleurs, qu'on est tenté d'améliorer sans cesse pourvu qu'on soit artiste ou chercheur.

V

LA PYROGRAVURE

La pyrogravure, dont l'invention est due au
Français Manuel Périer, mort en 1894, est l'art

de dessiner, de graver et de peindre à l'aide d'outils, dont l'extrémité, maintenue constamment à une température voulue, carbonise, creuse, gaufre et colore, soit par contact soit à distance, selon l'intensité d'effet qu'on veut obtenir par le feu.

Par cette simple définition, qui est celle de l'inventeur lui-même, il est aisé de voir que si la pyrogravure, qui est essentiellement un art d'amateur, puisque la science du dessin n'y est pas indispensable, peut se suffire à elle-même et fournir des reproductions déjà fort intéressantes, elle est plus précieuse encore au point de vue décoratif et en particulier devient un puissant auxiliaire aux travaux du découpage et de la marqueterie.

C'est en voyant embarquer des caisses de vin marquées d'estampilles au feu que l'idée de la pyrogravure vint à Manuel Périer. Il essaya d'abord à l'aide de pointes et d'aiguilles rougies à tracer des dessins continus ; mais ces instruments se refroidissaient vite et il dut se préoccuper de créer un appareil maintenant à l'état rouge la pointe à tracer.

« Il obtint d'abord, nous dit le journal *La*

Nature [1], de meilleurs résultats avec les petits fers à souder à gaz et surtout avec un fil de platine maintenu incandescent par le passage d'un courant électrique ; mais à l'époque de ces expériences (1874), les accumulateurs étaient encore peu répandus et M. Périer ne donna pas suite aux essais dans cette voie, essais qui pourraient être repris aujourd'hui avec plus de chance de succès.

C'est le thermo-cautère, inventé en 1875 par M. le docteur Paquelin, qui est venu apporter à M. Périer la véritable solution du problème consistant à maintenir pendant un temps indéfini et toujours à la même température, le traceur incandescent destiné à produire la carbonisation de l'objet à décorer. Le principe du thermo-cautère Paquelin, d'un emploi si fréquent en chirurgie, consiste à injecter dans un tube en platine de l'air chargé de vapeurs d'hydrocarbure. Si le tube a été préalablement porté à une certaine température, l'air et l'hydrocarbure se combineront dans le tube, et la combustion du mélange entretiendra indéfiniment la tempé-

1. N° 905, 4 octobre 1890, p. 276.

rature, tant que l'injection d'air continuera. Pour les opérations chirurgicales, le fonctionnement de l'appareil ne dure que quelques minutes, et l'injection d'air se fait à l'aide d'une poire de Richardson. M. Périer a modifié le thermo-cautère et son mode d'emploi pour permettre de travailler d'une façon continue pendant plusieurs heures.

L'outillage du pyrograveur créé par Manuel Périer se compose actuellement de trois parties principales : le réservoir d'air, le carbonateur et le thermo-traceur. »

Pour la description scientifique de l'appareil, nous renvoyons le lecteur au numéro spécial du journal *la Nature* qui la donne très en détail, et dont la connaissance n'a pour nos amateurs qu'un intérêt de curiosité. Qu'il leur suffise de savoir le principe de l'appareil et la facilité qu'on a d'y adapter des traceurs différents, larges, pointus, recourbés, gros ou fins selon les effets qu'on veut obtenir. Aujourd'hui d'ailleurs, plusieurs autres modèles d'appareils de pyrogravure, les uns importés d'Allemagne — *via anglaise, bien entendu* — les autres de fabrication française, appareils très simplifiés et fonctionnant à l'aide de la benzoline ou de l'essence minérale, sans être aussi parfaits que celui de Manuel Périer, sont entrés dans le domaine de la pratique et sont de consommation courante; ils donnent d'excellents résultats. On les trouve à peu près chez tous les marchands de couleurs et d'articles de peinture. Ils se composent tous

d'un flacon sur lequel s'emboîte un bouchon à deux ouvertures métalliques; d'un côté on adapte le tube de caoutchouc de la double poire qui actionne l'appareil, de l'autre celui qui communique au crayon traceur. On remplit le flacon de benzoline ou d'essence minérale jusqu'aux deux tiers — ni plus ni moins — du flacon, et après avoir chauffé au rouge, à la flamme d'une bougie, l'extrémité en platine du crayon traceur, on entretient et on active plus ou moins l'incandescence du crayon traceur en faisant manœuvrer, par pression successives, la poire de caoutchouc avec la main gauche. L'appareil, en général, est donc extrêmement simple et d'un maniement élémentaire. Mais il faut reconnaître qu'au point de vue du tracé, le *pyrocrayon*, tel que l'a perfectionné Manuel Périer avec sa *pointe universelle*, est le meilleur outil qui ait été fait en vue d'un travail net et précis. Au pyrocrayon peuvent s'adapter un certain nombre de pointes de diverses grosseurs et largeurs selon qu'on désire un travail plus large, plus étendu ; on peut également y adapter des pointes ouvertes et larges pour ombrer à distance et couvrir les fonds; Manuel Périer les a désignées sous le nom de *pyropinceaux*. Et il est bien évident que le nombre de ces pointes s'augmentera encore à mesure que l'art de la pyrogravure se répandra davantage pour répondre aux besoins des amateurs et des artistes, car on pourrait tirer un grand parti de pointes en formes de brosses plates, de queues de morue, d'ébouriffoirs, etc. Mais nous sommes encore en présence d'un art tout nouveau. Quoi qu'il en soit, les appareils actuellement en cours, qu'ils soient parfaits comme celui de Manuel Périer ou simplement suffisants comme ceux de ses imitateurs, tous donnent déjà d'excellents résultats. Examinons

comment et dans quelle voie il y a lieu de les utiliser.

L'art, la grande décoration, l'ornementation industrielle peuvent utiliser la pyrogravure et je n'en veux pour preuves que les importants travaux de P. Mangeant et de Frank Scheidecker qui ont figuré aux expositions du Champ de Mars, et ceux moins importants mais tout aussi intéressants qu'on retrouve maintenant à toutes nos expositions d'art industriel. L'emploi des bois colorés en plein ou rehaussés de couleurs sobrement employées et dans la gamme décorative mise en relief à notre époque par nos plus habiles décorateurs, donne à ce genre nouveau un caractère très particulier et a permis d'adapter la pyrogravure à l'ornementation des meubles, ce qui constitue un style moderne très typique et tout à fait en dehors du déjà vu. Je n'irai pas jusqu'à dire qu'il y a là le point de départ du style définitif de notre époque, ce serait peut-être attacher une importance trop grande au procédé; toutefois, à envisager les diverses matières sur lesquelles peut être appliquée la pyrogravure, on peut affirmer qu'elle aura sur l'avenir une très sérieuse influence.

Si nous prenons le cuir par exemple, jusqu'à ce jour travaillé seulement au fer et à froid, par gaufrage ou par repoussé, pour les reliures d'art, il est très certain que le travail du feu donnera aux ouvriers d'art de curieuses et intéressantes ressources. De même pour l'ivoire, dont les reliefs obtenus par la sculpture courante sont

toujours entachés de banalité, et les gravures
toujours sèches et froides. Mais c'est surtout sur
les bois, naturels ou colorés, et principalement
dans les ouvrages du découpage artistique et de
la marqueterie que l'amateur trouvera l'appli-

cation facile du nouveau procédé. Bien que l'introduction d'un petit panneau de marqueterie
dans un ouvrage découpé donne déjà à celui-ci
un cachet particulier, son exécution plus longue,
et qui demande tant de soin, ne laisse pas cependant de présenter un aspect assez sec par suite

des contours cernés formés par chacune des pièces qui composent la marqueterie. La pyrogravure, au contraire, dont le trait, si précis qu'on arrive à le rendre, est toujours fondu sur les bords, donne au travail un aspect fort doux et très harmonieux. Combinant les deux procédés ensemble, la marqueterie et la pyrogravure, on peut encore, avec cette dernière, fondre les traits de jonction des pièces assemblées, ombrer des fragments, tels que les feuilles et remplacer ainsi très avantageusement l'ombrage au sable qui est d'un emploi plus difficile et ne donne pas de meilleurs résultats, bien au contraire.

En résumé, le découpage artistique, la marqueterie et la pyrogravure combinés ensemble sont appelés à prendre pied parmi les travaux d'amateur par leurs applications multiples. Ils ont, en outre, l'avantage d'être, avec un éclairage fort simple, une des distractions du soir et peuvent, à ce titre, être considérés comme une des branches les plus intéressantes de l'*Art au foyer domestique*.

FIN

TABLE DES MATIÈRES

I

II

III

IV

V

MACON, PROTAT FRÈRES, IMPRIMEURS

MAISON A. TIERSOT

16, Rue des Gravilliers, 16

PARIS

MACHINES A DÉCOUPER

à la main et au pied

PLUS DE 50 MODÈLES

OUTILS, SCIES, BOIS, DESSINS ET TOUS ACCESSOIRES

pour

Découpage, Marqueterie, Sculpture, Tour, etc.

SCIES A RUBAN, CIRCULAIRES ET ALTERNATIVES

TOURS DE TOUS SYSTÈMES

Ordinaires, à Manchons, à Torser, à Guillocher, à Ovale, à Engrenages, Parallèles, etc.

PLATEAUX UNIVERSELS, MANDRINS ORDINAIRES ET AMÉRICAINS

DE TOUS SYSTÈMES

OUTILLAGE D'AMATEURS ET D'INDUSTRIELS

Le tarif-album, 250 pages et plus de 600 gravures
franco contre **0 fr. 65** *cent.*

PUBLICATIONS DE LA MAISON

Le Découpeur Français et la Collection Parisienne, réunis (mensuel); 12 pages de texte, 2 grandes feuilles de dessins en 2 teintes.

La Découpure illustrée (mensuel); dessins très fins.

Le Petit Découpeur (mensuel); 2 feuilles par mois.

L'Art de Découper.	**La Découpure pratique.**
Le Façonneur de bois.	**L'Album du Découpeur.**

A. TIERSOT

PARIS — 16, rue des Gravilliers, 16 — PARIS

www.ingramcontent.com/pod-product-compliance
Lightning Source LLC
LaVergne TN
LVHW012208170726
843503LV00005B/1948